PACHAMAMAC CHURINKUNA

AU PEROU

Textes et photographies

Catherine Moliné

PACHAMAMAC CHURINKUNA

« les enfants de la Terre »

www.perou-equitable.org

Pour tous nos amis péruviens et français qui ont participé à ces aventures…

J'étais le seul humain dans cette pampa au milieu des troupeaux d'alpagas et de lamas, endroit sublime avec pour décor un lac aux eaux cristallines et en fond la Cordillère.

Surgit une camionnette poussive dans un nuage de poussière...

- Hello, what are you doing here ? you lost ? where are you ?

- No habla conmigo en ingles por favor. Hablame en frances o en español.

Non mais je rêve, je suis au Pérou, parlez-moi en VO s'il vous plaît.

Voilà comment j'ai rencontré Rubén qui est devenu mon ami et par qui j'ai rencontré Koral, sa fille. Plus de dix ans se sont écoulés, ce sont toujours mes amis.

Je suis là pour l'association "Pachamamac Churinkuna" oui c'est du quechua, cela veut dire "les enfants de la Terre".

Comment vous ne connaissez pas !!!

Voici les objectifs :

-   soutenir l'éducation des enfants,
-   promouvoir la langue française,
-   développer le tourisme dans les zones pauvres,
-   aider les populations à l'amélioration de leur habitat,
-   protéger et sauvegarder l'environnement.

Et puis, pourquoi pas proposer des circuits touristiques avec du tourisme rural, travailler avec des familles. Oui le Pérou a une âme, une histoire, des gens rieurs, charmants, travailleurs, des paysages somptueux...

En premier, ne pas confondre

  les lamas

les alpagas (la bestiole c'est un alpaca)

les femmes sont de la région de Kauri

Et les vigognes

Ce sont des cochons d'Inde ou cuy

Et ça se mange.

Maintenant je vais vous raconter l'histoire de la clé de Koral :

Quand j'ai rencontré Rubén sur les hauts plateaux au-dessus de Tisco, il m'a donné le numéro de téléphone de sa fille qui apprenait le français à l'Alliance Française

-       vous parlerez Français avec elle, elle fera des progrès.

Donc, un matin où j'arrivais d'Aréquipa après dix heures de bus, j'appelle le numéro. C'était un peu tôt mais les Péruviens se lèvent de bonne heure.

-       Oui, vous pouvez venir mon père m'a parlé de vous.

Super, j'étais chargée comme une mule et je n'avais rien réservé.

Je prends un taxi qui me laisse à l'adresse indiquée.

Je sonne, un peu inquiète quand même. Arrivée à 6 heures du matin après une nuit de bus, pas très fraîche, avec des baluchons et le sac à dos chez quelqu'un que je ne connais pas ça craint un peu…

Dring, dring. Des pas dans l'escalier, une jeune fille aux cheveux noirs, le teint basané, l'œil vif malgré l'heure matinale, et un sourire qui lui fendait la figure, m'ouvre. Accolades à la péruvienne, comme si j'étais de la famille ou que j'étais une vieille connaissance. Accueil très sympa, petites présentations, et, elle me dit en me tendant une clé :

-       Ça, c'est la clé de l'appartement, la chambre et la salle d'eau au fond, moi je pars travailler, à ce soir.
-       Mais je dois repartir dans la vallée sacrée, j'ai une famille à voir. je reviendrai dans trois jours.
-       Non, mais tu prends la douche, tu peux laisser tes affaires et revenir dans trois jours, tu as la clé.

Pour une Française, même avec l'esprit ouvert, ça surprend !

Voilà comment j'ai connu Koral la fille de Rubén.

Maintenant que depuis des années je vais chez Koral, je peux vous dire qu'elle continue de donner sa clé aux étrangers de passage. Comme cela pour le plaisir de parler, de partager, d'échanger, de cuisiner des lasagnes à la sauce tomate (son frère dit qu'elle ne sait faire que ça, mais cela n'est pas vrai). Tous mes touristes la connaissent, nous finissons le circuit chez elle ou avec elle. C'est une fille dynamique, directe, un fort caractère.

Si vous passez à Cusco demandez Koral.

Koral spécialiste du Pisco et des lasagnes pour ses amis étrangers.

Les oncles et son papa se chargent de la musique.

La fête de fin de vacances péruviennes.

<u>Proverbe de Péruvien :</u>

Avec de la patience et de la bonne humeur une fourmi renverse un éléphant, pattes en l'air.

Rappelez-vous en, au Pérou vous apprendrez la patience.

-        Je n'ai plus mon passeport,
-        Volé ou perdu ? Il vaut mieux dire perdu, ça va plus vite pour les formalités... enfin presque.

Nous étions à Trujillo pour une aide technique. Que faire ?

Notre ami Juan nous conseille d'aller à la Police pour faire une déclaration.

Nous voici donc parties avec Emma qui m'accompagnait en mission, et dont le passeport avait disparu.

Une longue file de gens attendait déjà dans une salle dite « attente », normal. Deux heures s'écoulent, enfin c'est notre tour. Nous expliquons notre problème à un policier qui avait l'air fatigué, peut être même qu'il dormait. En fait il était saoul, mais très très bourré. Impossible pour lui de taper notre déposition.

Un rire nerveux nous a pris : « avec patience et bonne humeur... ». Enfin vous connaissez la suite.

Bref, impossible d'avoir ce jour-là notre papier, mañana, oui demain.

Le lendemain un autre policier, tout frais celui-là, nous a entendus et tapé notre déposition, mais le chef n'est pas là et doit signer : mañana, toujours demain.

Enfin mañana est arrivé et nous avons récupéré notre déclaration.

Alors, voyageurs, surveillez bien votre passeport et votre fiche d'immigration sinon vous perdrez un temps précieux, car, après il faut aller au Consulat ou à l'Ambassade. Passez faire une photo d'identité, pratique lorsque vous ne connaissez pas les lieux, et surtout gardez une photocopie de votre passeport c'est plus prudent et peut aider.

Mais pensez à la fourmi qui est venue à bout de l'éléphant, cela aide !

Sinon vos nerfs vont lâcher.

Trujillo

Rubén papi construit un hôtel à Ocongate.

-       Si tu veux venir, je vais chercher des matériaux, je charge et nous partons.
-       Super, je vais connaître Ocongate.

Dans la camionnette chargée et pleine comme un œuf, nous voici partis pour deux heures de route.

Papi Rubén n'est pas un bavard, heureusement les paysages sont sublimes. Nous traversons des petits villages en adobe, des champs pareils à des patchworks multicolores, des femmes en costume local avec des chapeaux comme des abat-jour à franges. Des animaux tranquilles qui paissent le long de la route, des gosses sans chaussures qui courent après les moutons en jetant des cailloux. Et la route qui monte, qui serpente ; la camionnette qui souffle et souffre. La vie est rude par ici.

Une pancarte Ocongate, nous contournons le village, gros bourg plutôt, et à droite après un bois d'eucalyptus un petit chemin de terre. Nous le prenons. Encore quelques secousses et nous voici arrivés à l'hôtel.

-       À l'hôtel ! Enfin ce sera un hôtel prochainement. En attendant c'est… C'est comment dire… « une illusion d'hôtel » !

Moment de panique, nous sommes à 4 000 mètres d'altitude, il fait froid, même très froid la nuit.

-       Et je vais dormir où ?

La parole magique « no te preocupas, todo listo » (ne t'en fais pas, tout est prêt)

Sortent de je ne sais où, trois gaillards avec des planches, un sommier, un matelas, un gros édredon. Et là sous mes yeux médusés : une création de chambre des plus rustiques se confectionne.

Ils sont forts très forts ces Péruviens.

Et voilà c'est prêt. Listo. Si listo

Les toilettes derrière les eucalyptus et avec le froid pratique, pas de douches mais nous irons à la rivière, oui bien sûr… Et là tu te dis : super fin de semaine !!!

MAIS j'ai dormi comme un loir sous l'édredon de plumes, le matin je me suis baignée dans les eaux thermales chaudes, avec pour décor l'Ausangate enneigé (montagne 6 384 m). un endroit de rêve, calme, magique, une de mes plus belles fins de semaine.

Maintenant à la place de ma chambre rustique il y a un bar, c'est un hôtel de charme tout en adobe, avec douches solaires, grand salon avec cheminée, grandes chambres, toilettes et patio fleuri. Une cuisine locale mais raffinée vous restaure après vos balades. Ça a bien changé mais l'hospitalité est toujours là, vous pouvez y aller, vous serez conquis.

Avril, inauguration de la « casa de la curiosidad ».

Pour l'occasion, j'ai fait le voyage avec Anne qui installera la bibliothèque, Emma la ludothèque et Annie qui vient tous les ans avec moi. Nous sommes donc à Urcos, une heure de bus de Cusco. Nous vivons à la casa de la curiosidad et dormons au-dessus de la bibliothèque. Notre chambre, pardon, notre dortoir car il y a quatre lits, quatre pots de chambre, quatre frontales pour lire au lit : nous nous méfions de l'installation électrique à la péruvienne, nous ne sommes pas venues pour finir grillées ou électrocutées. Mis à part cela, nous sommes super-bien installées et organisées.

Enfin, demain, grand jour, inauguration.

Le soir nous gonflons des ballons multicolores, préparons les jeux, installons les tables, rangeons les livres. Todo listo. Tout est prêt.

Les enfants arrivent, ils piaffent de jouer, mais pas d'inauguration sans le curé.

Et nous voici « laïques » attendant le curé. Tu n'y crois pas… mais si le voilà.

Les enfants s'assoient sur la murette du patio et nous debout bien sages. Le curé sort de son sac une bouteille d'eau bénite (qui nous dit) et le voilà prêchi-prêcha qui nous arrose tous les coins de la bibliothèque, de la ludothèque, du patio et finit son eau bénie sur nous « pauvres pêcheurs ».

Ouf ! ça y est la « casa de la curiosidad » est purifiée, la fête peut commencer. Les enfants s'animent, boivent, mangent, rient et jouent. Quelle belle journée. Nous avons bien travaillé.

Les enfants sont venus régulièrement les après-midi après la classe.

Quand Anne et Emma étaient sur le départ ils étaient tristes et certains ont pleuré. Il y a eu des embrassades et des « à bientôt, revenez vite ». C'était émouvant pour nous tous, petits et grands.

A la « casa de la curiosidad » Urcos

CATH
EMMA
NINI
ANNE

Tiens en parlant de « c'est fini ».

Soir d'au revoir chez Koral. Il y a les filles : Anne et Emma qui repartent demain pour la France et Rubén venu pour l'inauguration qui rentre à Lima.

Soirée pisco et lasagnes, vous savez la spécialité non pas du Pérou mais de Koral.

-        Assez ri, demain nous prenons l'avion.

Vous avez les billets, les passeports, les valises, allez faut partir direction l'aéroport. Rubén passe en premier, les filles le suivent et nous nous attendons derrière la barrière puisque nous restons à Cusco avec Annie et Koral.

-        Mais que font-elles ? ça palabre, ça n'en finit pas de palabrer.

Les filles se retournent vers moi la mine grave et me font des grands signes, viens.

-        Mais qu'est-ce qu'il y a ?

Je passe la barrière et vais les voir au guichet départ.

-        Il y a un problème... Nous devions partir hier.
-        Quoi hier !
-        Oui, hier, pas aujourd'hui.

Alors là tu as le petit proverbe qui te chante encore à l'oreille « avec de la patience et de la bonne humeur etc... etc... ». mais pour la bonne humeur je me suis fait violence.

Enfin bref, elles sont quand même parties, avec du retard et une pénalisation dans un autre avion jusqu'à Lima. Ensuite avec l'aide de Rubén, qui rate toujours ses avions car il n'est jamais à l'heure, et connaît donc toutes les ficelles pour attendrir les compagnies aériennes elles ont trouvé un vol pour Madrid et ensuite Toulouse. Un jour de retard.

Mais pour arranger le tout secousse sismique à Lima pour finir le séjour, elles en parlent encore de leur mission au Pérou.

Soirée d'au revoir

Je vous emmène aux marchés.

Marché de Tinta

Marché d'Ocongate

Marché d'Aréquipa

Marché à Wanchaq

Pourquoi et comment je me suis retrouvée en prison...

Cusco, place San Francisco, jour de feria (foire) : de l'artisanat, des meubles en bois, des tissages, des bijoux, de la poterie.

Je flâne, regarde, fouille et achète des cadres ciselés très bien travaillés en bois. Je discute avec le vendeur qui me donne sa carte en disant :

-        Je suis le Directeur du Centre Carcéral.

-        Ah ! intéressant, surprenant mais très intéressant quand même.

-        J'ai besoin de chaises et de tables en bois pour mon association, c'est possible de les faire

-        Claro que si (bien sûr), appelez-moi dans la semaine.

Donc dans la semaine rendez-vous est pris avec le Directeur.

Me voici donc partie accompagnée de Rubén qui avait tenu à m'amener en camionnette, la prison étant à la sortie de la ville et à trente minutes de bus, y es peligroso (et c'est dangereux).

Grande bâtisse avec des hauts murs, des gardes à l'entrée, des gens qui font la queue, et une pancarte « centre carcéral pour hommes ». pas franchement accueillant.

Nous remontons la file d'attente et indiquons au planton le motif de notre visite : nous avons rendez-vous dis-je en tendant la carte de visite pour prouver ma bonne foi.

Le gardien sonne à la lourde porte qui s'ouvre dans un cliquetis de serrures. Identification des pièces d'identité, attente, puis nous sommes séparés : Rubén d'un côté, moi de l'autre. Fouille au corps, empreintes, confiscation du passeport, du sac, le tout jeté au fond d'un meuble à tiroirs. Pour finir un coup de tampon encreur sur le dos de la main. Enfin je retrouve Rubén de l'autre côté. Nous n'étions pas très rassurés. Et si nous ne pouvions plus ressortir...

Un garde nous amène à l'atelier menuiserie. Un responsable note notre commande avec toutes les mesures et appelle un prisonnier. Ce même prisonnier qui va nous confectionner nos chaises et nos tables pour la « casa de la curiosidad ».

Et là, vous n'allez pas me croire, le gars se jette dans les bras de Rubén avec de grandes tapes dans le dos et des ah ! Señor Rubén.

Explication de texte : Rubén connaissait cet homme qui était bien menuisier mais qui se trouvait là car il avait tué sa femme. Il en avait pris pour vingt ans. « Oups »

Donc nous traitons notre affaire comme si nous parlions au menuisier et non à l'assassin. Laissons des arrhes et solde à la livraison.

Voilà le fonctionnement : il y a des ateliers : menuiserie, cuir, broderie, tissage. Les articles sont vendus ensuite dans des ferias. Les prisonniers - et ce sont tous des criminels pour la plupart - doivent payer leur nourriture, acheter leurs cigarettes, leurs feuilles de coca, surtout si personne ne leur fait passer des colis et qu'ils ne reçoivent plus de visites. C'est sûr, vingt ans c'est long, on peut oublier l'autre.

Et là, curieuse je hasarde, vous pourriez nous faire visiter ? À tant qui être, autant voir.

J'ai vu d'abord la saleté, la misère, la prison : non, pas de barreaux. Un bidonville entouré de murs hérissés de barbelés avec des miradors, et, des hommes qui vaquaient à leurs occupations. Les uns faisaient leur lessive, les autres jouaient au foot ou écoutaient la radio. Et puis les ateliers à l'air libre. Le cuir était découpé, teint, cousu et transformé en porte-monnaie, en sac, en porte-documents, porte-cartes, du cuir de toutes les façons. Sous des hangars, des hommes tissaient des kilomètres de tissu multicolore, des nappes, des hamacs, toutes sortes d'articles que nous retrouverons sur les marchés. Le fer, la pierre, le bois tout était là, la misère humaine aussi.

Des hommes dangereux à l'air paisible, des ivrognes assassins, des violeurs, ils étaient tous là pour dix-vingt ans.

Ils n'étaient pas agressifs envers nous, ils nous regardaient passer comme une distraction dans leur quotidien de bagnard.

Une petite gargote en tôle faisait office d'épicerie de première nécessité : savon, riz, patates, feuilles de coca...

Ce travail leur permettait de penser à autre chose, d'améliorer et de supporter leur vie.

Un autre monde nous faisait face.

Nous sommes ressortis sans parler, bien secoués par ce que nous venions de découvrir. Une prison sans barreaux, mais une vraie prison.

Deux mois plus tard nous avons récupéré notre commande, sans rentrer, tout était devant le lourd portail.

Chaque fois que nous passons devant avec Rubén, car c'est sur la route d'Ocongate, nous avons les mêmes paroles :

-       Tiens, notre hôtel préféré.

Comme si c'était nous qui avions été incarcérés là., Jamais je n'oublierai.

Et voilà la transformation de notre matériel :

La « casa de la curiosidad » Urcos

30

COULEURS DU PÉROU

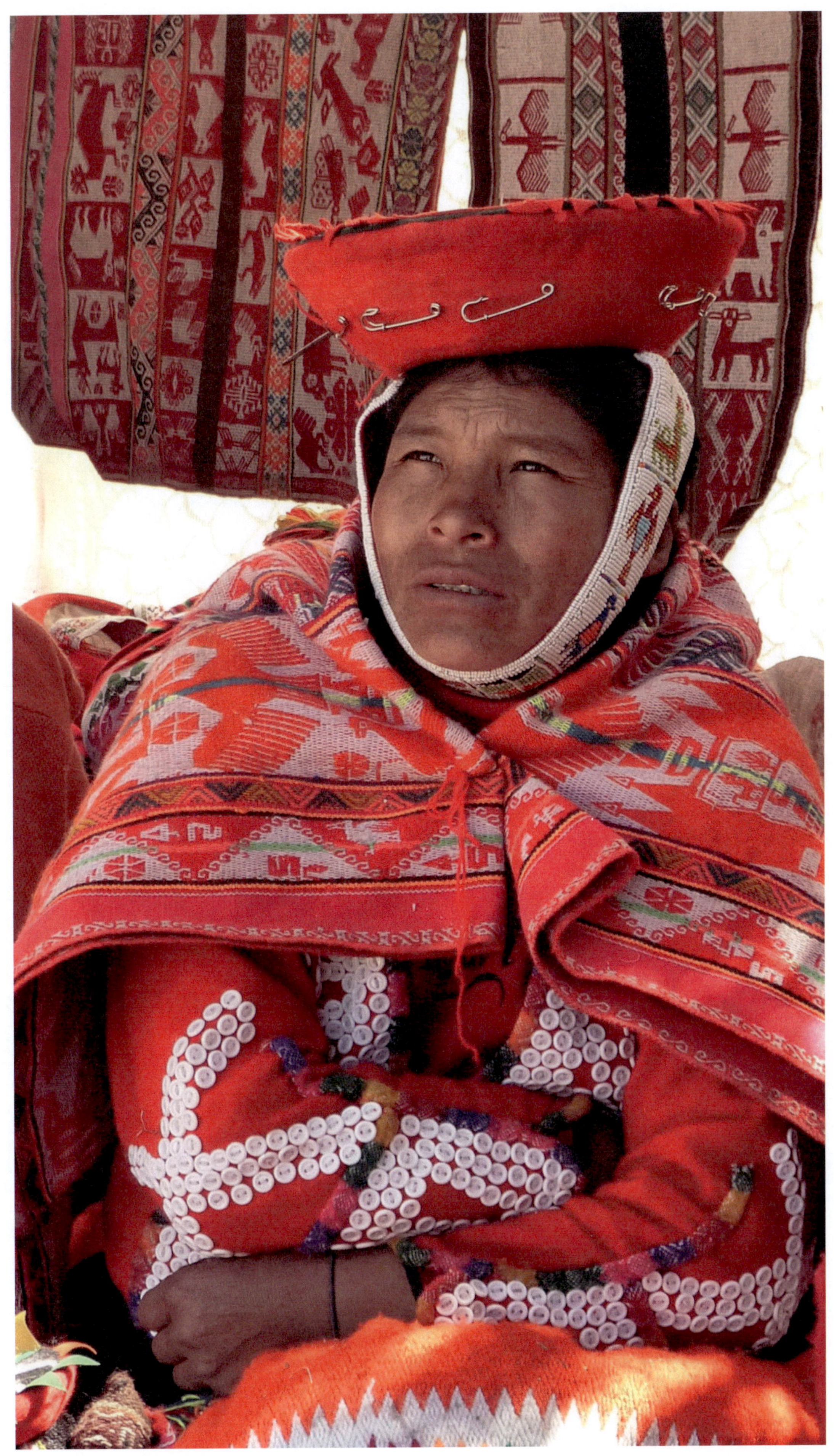

Qui dans sa vie de touriste n'a pas eu la « turista » ?

Je vais vous raconter deux histoires qui, si elles nous font rire maintenant, nous ont bien embarrassées sur le moment.

Dans les bus de longue distance, au Pérou, il y a des toilettes mais, comme le chauffeur annonce au micro « solo urinar » seulement pour uriner. Alors quand vous faites 1 000 kilomètres de nuit, il vous arrive, surtout si vous avez abusé des jus de fruits ou autres nourritures piquantes comme le rocotto, d'avoir les intestins un peu à l'envers. Alors voilà ce qui arriva :

- Annie, j'ai besoin, ça presse, je ne tiens plus, je vais exploser.
- Tu n'as qu'à faire dans une poche. ? Gloup !
- Justement j'en ai une dans mon sac à dos, je l'attrape et me précipite dans les toilettes. Il était temps.

Vous avez déjà essayé de faire dans un sac plastique ? Et bien… ça soulage, et après, me direz-vous, que faire du paquet ?

Poubelle des toilettes. Tranquille, vous repartez à votre place.

Et quelque temps après, vous voyez passé votre paquet à bout de bras, le garçon de service, l'air pincé, qui doit haïr le coupable de cet acte.

Et nous pas charitables, nous sommes prises d'un fou rire en pensant à notre « solo urinar ».

Touristes, toujours avoir un sac plastique dans son sac à dos ça peut vous sauver de certaines situations.

Mais des fois, il faut aussi avoir un pantalon de rechange dans son sac à dos.

La veille, nous avions mangé une pizza au fromage. Grosse erreur.

Donc nous voici partis visiter l'île d'Amantani en petit bateau, deux heures de traversée.

Après plus d'une heure de navigation, de gros gargouillements dans le ventre se font sentir. Et ça se tortille, vite une première fois aux toilettes, et puis deux, et puis... tu cours vite, tu fermes la porte, et le temps de baisser le pantalon c'est trop tard, tu as tout dans ton froc jusqu'au fond de tes chaussettes. Alors là, tu as envie de pleurer, pas de change, que faire. Tu essuies tout, tu maudis le fromage de la pizza, et tu sors sur la plage arrière en pensant que tout le bateau sait et sent ta pizza. Et tu finis le voyage agrippée au filin en plein air.

Laissant sortir tous les touristes, tes amis se demandent ce que tu fais et viennent aux nouvelles. Tu racontes ta mésaventure. Partez sans moi, je vais essayer de trouver un pantalon.

Mais, rien en vue, alors je me dis je vais rester dans le bateau et attendre les autres. Je vais voir le capitaine et lui dis :

Je vous le livre en espagnol c'est plus croustillant : « me cago en mi pantalon, puedo quedarme aqui » (j'ai ch... dans mon pantalon, je peux rester ici).

Et sans rire, ni se moquer, le capitaine me propose son pantalon de rechange de mécanicien, quel type sympa.

Je lui dis : mais il va empester ! « no te preocupas » (ne t'en fais pas).

Alors j'ai mis le pantalon de mécanicien plein de cambouis, je n'allais pas faire la difficile et j'ai attendu le retour de mes amis tranquillement dans le bateau.

En arrivant, j'ai donné un bon pourboire au capitaine ainsi que l'adresse de l'hôtel où il pourra récupérer son pantalon et nous sommes rentrés en rigolant à l'hôtel où j'ai pris une bonne douche.

Mais la pizza n'avez pas fini de faire des ravages, toute la nuit notre ami qui se surnomme Titi, non c'est véridique, a passé toute la nuit sur les toilettes.

N'est-ce pas que le lac Titicaca porte bien son nom. !

Touristes n'oubliez pas : un sac plastique mais aussi un pantalon J'espère que mes deux histoires vous auront permis de dédramatiser la « turista »

Le lac Titicaca qui porte bien son nom !

Je suis tombée amoureuse du Pérou en 2005. J'ai œuvré pour Enfants d'Aréquipa pendant deux ans avant de créer l'Association « Pachamamac Churinkuna » les enfants de la Terre en 2008.

J'adore les grands espaces sur fond de Cordillère des Andes, et les gens du Pérou qui sont attachants, vivants et chaleureux malgré les difficultés de leur vie difficile. Nous œuvrons surtout avec mon équipe dans les communautés quechuas

Nos amis français

visitent le Pérou

avec

Pachamamac Churinkuna.

Groupe 2012

Groupe 2013

Avec « PACHAMAMAC CHURINKUNA »

Commentaires

et anecdotes de voyageurs

Nous voilà enfin arrivés à destination après quelques heures de vol !

Direction Coporaque, oui mais c'est sans compter sur le destin qui a décidé de nous ennuyer, au milieu de nulle part en plein désert :

LA panne ! ha ! ha ! ha !

Oui, mais ça dure, ça dure, à la nuit tombée enfin dépannés !

Le lendemain direction le marché avec ses surprises : apéritif offert, quelques courageux dont Clément et moi-même goûtent l'apéro local !?! Grenouille, blanc d'œuf, épices et autres inconnus censés donner un coup de fouet et lutter contre les effets de l'altitude, sans alcool à consommer sans modération !

Bien vu ! j'en ressens encore les effets !

Marthe

Quel régal

Grenouille mixée, blanc d'œuf, épices et ce qui donne le plus de goût… ce sont les ingrédients mystérieux   ????

J'aimais beaucoup les soirées chez l'habitant, les échanges que nous avions, même si nous ne nous comprenions pas toujours, des regards et des sourires suffisaient.

Je me souviens d'une soirée chez « Chocolate » dans la vallée du Colca, où les températures étaient basses, nous avions trouvé une station latine sur la radio et nous nous sommes mis à danser sur la salsa et du cha-cha-cha, en entraînant notre guide Richard ainsi que toute la famille de Chocolate. Ce fut une ambiance vraiment festive.

Le Pérou, un pays surprenant qui vous laissera des souvenirs magiques.

La découverte des îles artificielles, en roseau, sur le lac Titicaca, est stupéfiante. Voir des personnes vivre sur ces espaces flottants vous déconnecte des contraintes modernes.

Quand vous arrivez sur l'île de Taquile, où il n'y a aucun moyen de locomotion ; vous admirez le transport à dos d'homme (et surtout des femmes) de toute une variété de choses (sacs, matelas...).

Votre étonnement ne cesse de grandir devant ces hommes qui tricotent avec six aiguilles, avec une grande dextérité.

Vraiment le Pérou vous marque avec ses paysages et coutumes inoubliables.

Véro & Alain

« Le Pérou ? Un eldorado. Que de trésors ! Une civilisation et une histoire fascinantes, des paysages à vous couper le souffle,
des édifices mystérieux et prestigieux, des couleurs chatoyantes, des êtres humains accueillants et souriants, courageux et fiers
bref un dépaysement enchanteur. J'en suis revenu enrichi et ravi.
Oui, oui, c'est le Pérou ! »

Bruno

La découverte du PÉROU, quel beau voyage !

Peu de pays ont un nom familier comme le Pérou car celui-ci est attaché à des expressions de notre langue bien connues que nous employons assez souvent - « c'est (ou pas) le Pérou ».
Le visiter va, au fil des jours, développer intéressement et curiosité tant les panoramas divers et superbes – côte océane et cordillère des Andes - que les sites anciens, villes et villages, sont attachants et passionnants.
La civilisation inca, l'une des civilisations précolombiennes les mieux organisées, a marqué d'une manière extraordinaire ce pays, jusqu'à l'arrivée des conquistadors espagnols qui en quelques dizaines d'années - 1532 à 1572 - ont mis fin à son évolution.
Si la capitale LIMA n'offre qu'un intérêt limité, les villes d'Arequipa et Cuzco nous ont enthousiasmés.

Arequipa avec sa magnifique place principale ses divers édifices et monuments, le tout au pied du « Misti », volcan si proche et si majestueux.

Cuzco – nombril en quechua - capitale de l'empire Inca avec également ses divers édifices et monuments et qui est bien la base de départ de la vallée sacrée des Incas qui nous amènera par le superbe et confortable train – le Pérurail — au pied d'un des sites les plus connus au monde : le Machu Picchu. Site extraordinaire d'un entier village construit à flanc de montagne et dont la découverte est relativement récente – 1911 par l'Américain Hiran Bingham -. Quelle chance pour nous de l'avoir visité avec un temps favorable et nous ayant permis ainsi d'en apprécier d'autant les explications de notre excellent guide.
Il y aurait tant de choses à écrire encore, sur les familles d'accueils, sur la traversée inoubliable du lac Titicaca, mais il faut conclure quand même en incitant vos amis et vos relations à visiter ce très beau pays par le biais de l'association PACHAMAMAC, car le Pérou se déguste sans modération.

Jean-Odet

Souvenirs d'un périple péruvien !

Plutôt que de décrire un périple aussi riche, quand je pense au Pérou, je revois et je ressens :

De très belles images

Comment ne pas se souvenir de cette oasis pleine de quiétude au cœur des dunes de Huacachina, de la très longue route entre sable et océan aux plages ponctuées de cactus pour rallier Aréquipa, du plateau désertique d'où l'on aperçoit des volcans lointains, de la vallée du Colca et ses décors majestueux, de l'immensité du lac Titicaca et de la beauté de l'île de Taquilé aux réminiscences méditerranéennes, on en prend plein les yeux...

Des couleurs

Elles sont partout, bien sûr dans les tenues traditionnelles des habitants, dans les chapeaux aux multiples formes d'une province à l'autre, dans les souvenirs sur les étals des vendeurs, dans les fruits sur le marché d'Aréquipa, dans les couleurs des habitations et des constructions comme le Couvent Santa Catalina ou dans certains des hôtels dans lesquels nous avons séjourné. La couleur, c'est la vie !

Émerveillement et admiration

D'un site Inca à l'autre, le visiteur se sent tout petit devant la majesté, la démesure et les prouesses techniques des Incas et impressionné par le bon état de conservation de certains sites ! La cathédrale de Cusco à la fois magnifique, surchargée de dorures, immense et aux styles contrastés est également un grand souvenir.

Et enfin, au-delà de toutes ces merveilles, c'est avant tout une population pleine de courage que nous avons pu observer dans sa vie quotidienne. Malgré la langue, les habitants qui nous ont reçus se sont montrés attentionnés, fiers de partager avec nous un peu de leur quotidien et de leur manière de vivre.

Carole

Jour 11 - Cusco - Pisaq - **Huayllafara** (3 200 m)

Nous arrivons dans le village, vers 16 heures en bus.

Nous nous arrêtons sur la place et le guide nous annonce que l'on ne peut pas aller chez l'habitant en bus :

- il faut faire un sac pour deux jours de survie chez l'habitant...

Quel spectacle ! sur la place principale du village, " se changer et fouiller dans les valises rebondies pour prendre les affaires ".

Le sac à dos prêt, nous prenons les taxis pour rejoindre les familles. Parcours : pleins de virages, bon chauffeur, des jeunes, mais nous avons un peu peur sur ces routes...

Nous arrivons chez les habitants dans la montagne ; nous sommes bien accueillis avec de la musique, des chants, des pétales de fleurs...

À 20 heures, repas. Pas de lumière, on allume des bougies. Au bout d'un moment la lumière arrive, il fait nuit bien sûr.

Le repas fini, nous voilà en marche pour rejoindre les chambres 30 minutes de marche dans la montagne.

Nous regagnons nos chambres : confort sommaire, au milieu de nulle part, il y a des animaux, ça ne semble pas habité.

Bien fatiguées, on arrive à s'endormir.

Cet hébergement a été folklorique !

Claudine

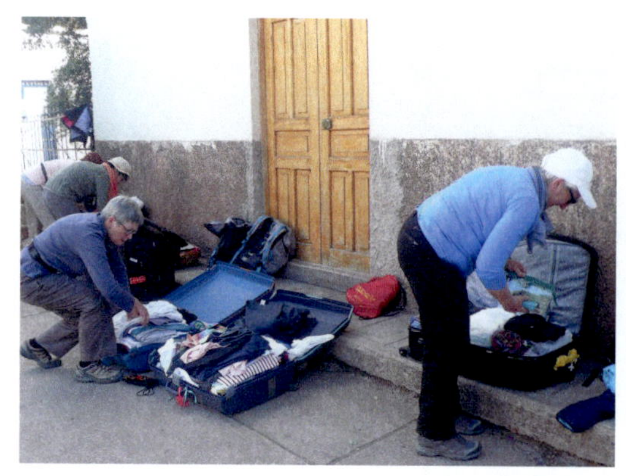

Comment préparer une bonne chicha (boisson de maïs alcoolisée)

En premier faire une grande réserve de bois, ensuite préparer le terrain en creusant un sillon, mettre en équilibre d'énormes marmites que vous remplirez d'eau froide et enfin allumerez le feu. Vous ferez bouillir ces grandes quantités d'eau. Vous mélangerez la farine de maïs et d'orge à part dans des récipients que vous mettrez de côté pour la suite.

Quand l'eau des grandes marmites est chaude, au bout de deux heures, vous jetterez dedans une poignée de cannelle en bâtons, une poignée d'anis et de feuilles de coca pour la digestion, et une bonne pincée de clous de girofle.

Quand cette eau parfumée bout mettre le mélange farine de maïs orge que vous aviez mis de côté.

Faire bouillir pendant 30 à 45 minutes en ne cessant de remuer cette mixture avec de longs bâtons.

Ensuite verser dans des bidons et laisser fermenter 4jours sous couvercle.

Pour finir, avec une louche verser de grosses rasades dans des verres, boire sans modération jusqu'à l'ivresse.

Les familles du groupe PUMACHIRI

TURISMO RURAL COMUNITARIO

pumachiricoporaque@hotmail.com

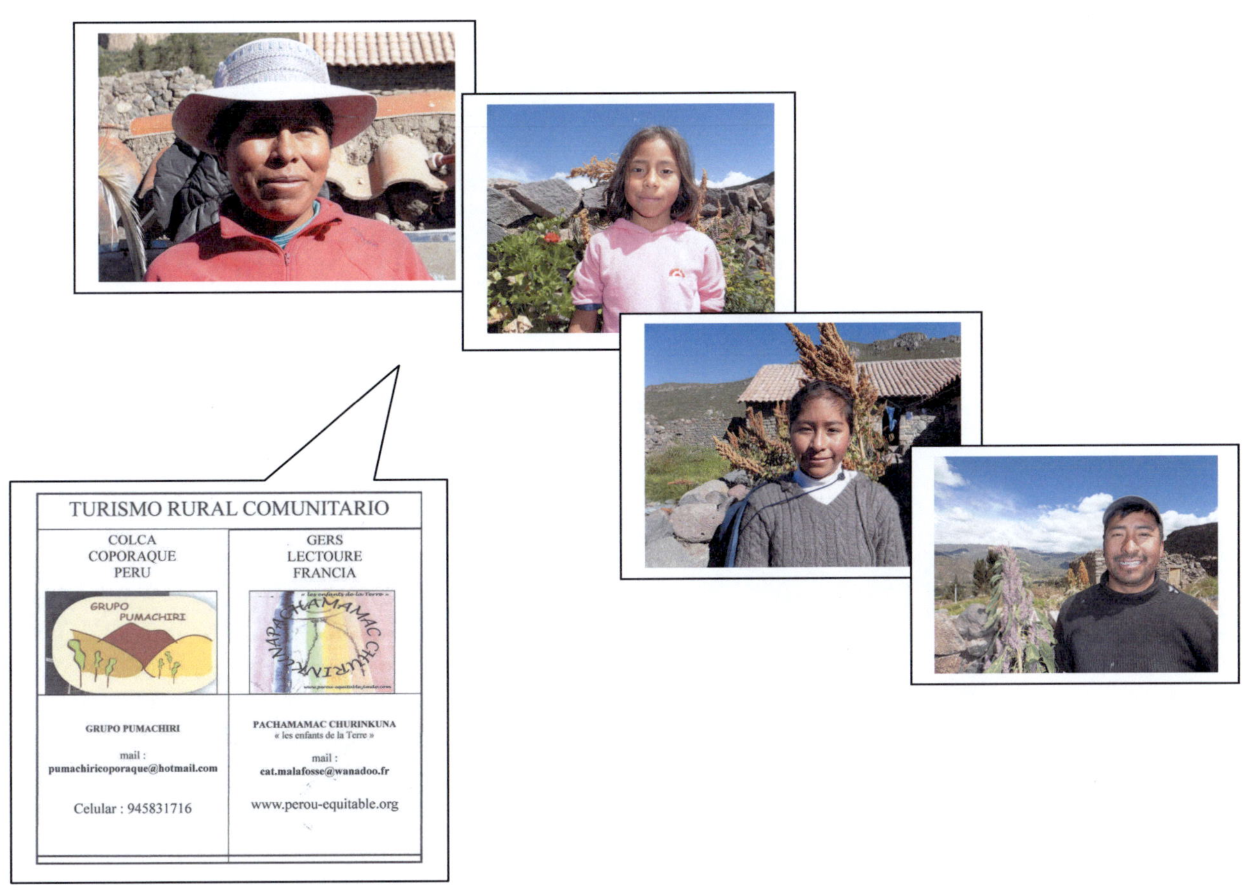

TURISMO RURAL COMUNITARIO

COLCA
COPORAQUE
PERU

GERS
LECTOURE
FRANCIA

GRUPO
PUMACHIRI

GRUPO PUMACHIRI

mail :
pumachiricoporaque@hotmail.com

Celular : 945831716

PACHAMAMAC CHURINKUNA
« les enfants de la Terre »

mail :
cat.malafosse@wanadoo.fr

www.perou-equitable.org

Grand nettoyage

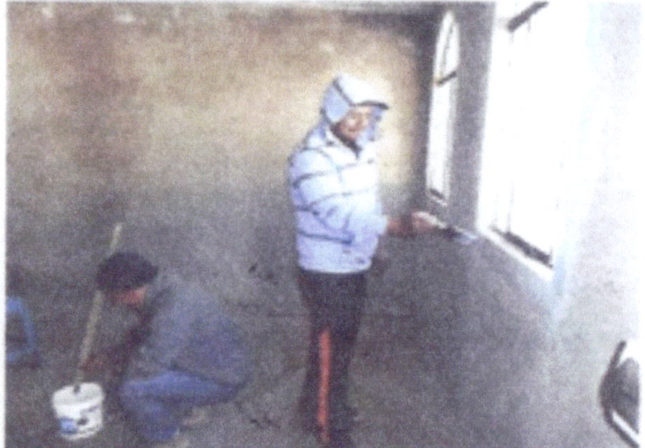

Ce sont les hommes du groupe PUMACHIRI (avec qui ns faisons du tourisme) qui se sont chargés du nettoyage et de la peinture. Félicitations !!!!

Et voici notre bibliothèque-ludothèque « casa de la curiosidad » à Coporaque

Son nom en quechua : Pukllay Yachana Wasi

REMERCIEMENTS :

- Aux enfants d'Urcos et de Coporaque,
- Aux familles du Groupe Pumachiri,
- Aux adhérents et donateurs,
- Aux volontaires péruviens et français,
- À Koral, Rubén, Rubén papi, Michel, Herlinda, Mari-Luz, Jorge, Annie, Sylvie, Emmanuelle, Anne, Emma, Claire, Faby, Jeanine, enfin à toutes les bonnes volontés qui nous ont aidés durant ces dix années d'association,
- Aux touristes et aux guides qui nous ont accompagnés ainsi qu'à Philippe de l'agence Terres Magiques à Cusco,
- À tous les amis qui me soutiennent en France et au Pérou,
- À toutes les personnes qui m'ont fait confiance

MERCI, merci pour votre aide, votre amitié.

JE VOUS AIME,

Catherine

Éditeur :
Books on Demand GmbH,
12/14 rond-point des Champs Élysées,
75008 Paris, France

Mise en page : Pierre Léoutre

Impression :
Books on Demand GmbH, Norderstedt, Allemagne

ISBN : 9782322174812

Dépôt légal : juillet 2017

www.bod.fr